1 建筑思想

　风水与建筑
　礼制与建筑
　象征与建筑
　龙文化与建筑

2 建筑元素

　屋顶
　门
　窗
　脊饰
　斗栱
　台基
　中国传统家具
　建筑琉璃
　江南包袱彩画

3 宫殿建筑

　北京故宫
　沈阳故宫

4 礼制建筑

　北京天坛
　泰山岱庙
　闾山北镇庙
　东山关帝庙
　文庙建筑
　龙母祖庙
　解州关帝庙
　广州南海神庙
　徽州祠堂

5 宗教建筑

　普陀山佛寺
　江陵三观
　武当山道教宫观
　九华山寺庙建筑
　天龙山石窟
　云冈石窟
　青海同仁藏传佛教寺院
　承德外八庙
　朔州古刹崇福寺
　大同华严寺
　晋阳佛寺
　北岳恒山与悬空寺
　晋祠
　云南傣族寺院与佛塔
　佛塔与塔刹
　青海瞿昙寺
　千山寺观
　藏传佛塔与寺庙建筑装饰
　泉州开元寺
　广州光孝寺
　五台山佛光寺
　五台山显通寺

6 古城镇

　中国古城
　宋城赣州
　古城平遥
　凤凰古城
　古城常熟
　古城泉州
　越中建筑
　蓬莱水城
　明代沿海抗倭城堡
　赵家堡
　周庄
　鼓浪屿
　浙西南古镇廿八都

⑦ 古村落

浙江新叶村
采石矶
侗寨建筑
徽州乡土村落
韩城党家村
唐模水街村
佛山东华里
军事村落—张壁
泸沽湖畔"女儿国"—洛水村

⑧ 民居建筑

北京四合院
苏州民居
黟县民居
赣南围屋
大理白族民居
丽江纳西族民居
石库门里弄民居
喀什民居
福建土楼精华—华安二宜楼

⑨ 陵墓建筑

明十三陵
清东陵
关外三陵

⑩ 园林建筑

皇家范围
承德避暑山庄
文人园林
岭南园林
造园堆山
网师园
平湖莫氏庄园

⑪ 书院与会馆

书院建筑
岳麓书院
江西三大书院
陈氏书院
西泠印社
会馆建筑

⑫ 其他

楼阁建筑
塔
安徽古塔
应县木塔
中国的亭
闽桥
绍兴石桥
牌坊

郑振飞 撰文 陈剑飞 摄影

筑境

中国精致建筑一〇〇

闽桥

中国建筑工业出版社

出版说明

中国是一个地大物博、历史悠久的文明古国。自历史的脚步迈入新世纪大门以来，她越来越成为世人瞩目的焦点，正不断向世人绽放她历史上曾具有的魅力和光辉异彩。当代中国的经济腾飞、古代中国的文化瑰宝，都已成了世人热衷研究和深入了解的课题。

作为国家级科技出版单位——中国建筑工业出版社60年来始终以弘扬和传承中华民族优秀的建筑文化，推动和传播中国建筑技术进步与发展，向世界介绍和展示中国从古至今的建设成就为己任，并用行动践行着"弘扬中华文化，增强中华文化国际影响力"的使命。从20世纪80年代开始，中国建筑工业出版社就非常重视与海内外同仁进行建筑文化交流与合作，并策划、组织编撰、出版了一系列反映我中华传统建筑风貌的学术画册和学术著作，并在海内外产生了重大影响。

"中国精致建筑100"是中国建筑工业出版社与台湾锦绣出版事业股份有限公司策划，由中国建筑工业出版社组织国内百余位专家学者和摄影专家不惮繁杂，对遍布全国有历史意义的、有代表性的传统建筑进行认真考察和潜心研究，并按建筑思想、建筑元素、宫殿建筑、礼制建筑、宗教建筑、古城镇、古村落、民居建筑、陵墓建筑、园林建筑、书院与会馆等建筑专题与类别，历经数年系统科学地梳理、编撰而成。本套图书按专题分册，就其历史背景、建筑风格、建筑特征、建筑文化，结合精美图照和线图撰写。全套100册、文约200万字、图照6000余幅。

这套图书内容精练、文字通俗、图文并茂、设计考究，是适合海内外读者轻松阅读、便于携带的专业与文化并蓄的普及性读物。目的是让更多的热爱中华文化的人，更全面地欣赏和认识中国传统建筑特有的丰姿、独特的设计手法、精湛的建造技艺，及其绝妙的细部处理，并为世界建筑界记录下可资回味的建筑文化遗产，为海内外读者打开一扇建筑知识和艺术的大门。

这套图书将以中、英文两种文版推出，可供广大中外古建筑之研究者、爱好者、旅游者阅读和珍藏。

目录

011　一、泉州洛阳桥的历史与神话

019　二、巧夺天工江东桥

023　三、天下无桥长此桥

031　四、结构奇特的福州万寿桥

039　五、桨声灯影里的安泰桥

045　六、闽东木拱桥与《清明上河图》

057　七、『亦拱亦梁』的莆田观桥

063　八、宋代闽地杰出的桥梁工程师——道询

069　九、外国人笔下的福建石梁桥

079　十、福建古桥的建筑艺术

090　福建历代建桥名家与名桥录

闽
桥

图0-1 泉州洛阳桥/上图

泉州洛阳桥，代表我国古代石梁桥的最高成就，为我国重点保护文物。桥位于泉州、惠安两地交界处的洛阳江入海尾闾上。桥长三千六百尺，广丈有五尺，共四十七跨，工程浩大，地势险恶，水文复杂，是我国历史上第一次在濒临海口上修桥。其石梁架设、"种蛎固基"等技术都是桥梁史上的创举。

图0-2 泉州安平桥（五里桥）/下图

安平桥俗称"五里桥"，长约五里，现在实长2100米。被誉为"天下无桥长此桥"，它在郑州黄河大桥建成（1905年）以前，一直是我国最长的一座桥，为全国重点保护文物之一。此照片为20世纪90年代修复后的桥梁。

　　桥梁是一个国家的文化表征之一，古代桥梁的技术成就，标志着一个民族的古老文明。我国古代桥梁绚丽多彩，在世界桥梁史上声誉卓著，在15世纪前一直处于领先地位，而福建的古代桥梁，则在中国古代桥梁史中，占有特殊的位置。

　　已故世界著名科学史家，英国剑桥大学李约瑟博士，在他倾注毕生心血的鸿篇巨著《中国科学技术史》中，曾对福建古代桥梁作了很高的评价："中国古代桥梁在宋代有一个惊人的发展，造了一系列巨大板梁桥，特别是福建省。在中国其他地方或国外任何地方都找不到和它们相比的"，并且这些桥梁"几乎每座都是非常美观的"。

　　我国著名的桥梁专家茅以升教授也曾满怀激情地赞叹说："凡是到过福建的人，都会感到'闽中桥梁甲天下'（《闽部疏》），确非过誉"，"这是福建人民的光荣，中国人民的骄傲。"（茅以升《中国的古桥和今桥》）

福建古代桥梁见载于史书、省志及地方志，目前尚有三千七百余座。估计远不止这个数目，但因年代久远，湮没于历史已无从稽考了。然就这些现存的古桥中，管中窥豹，也可以看出其斑斓色彩。概括说，福建古代桥梁对我国古代桥梁技术上的突出贡献，表现在对于石墩石桥梁的发展与创造。众所周知，桥梁结构按照静力体系分类大致为三种：梁式桥、拱式桥和悬索桥。而我国古代梁式石桥的代表作品，几乎都云集在八闽大地上了：首创筏形基础，抛石成基，巧妙地采用牡蛎加固基础，成为我国历史上第一次尝试在濒临海口地区建桥的重大突破的泉州洛阳桥；在漫长的岁月中，以桥梁长度最长、工程最浩大而闻名的安海五里桥；石梁巨重，一块石梁竟达200吨的漳州江东桥；古代石梁桥中，保持至今结构最为完整的福清龙江桥，以及创造了睡木沉基的泉州金鸡桥等等。这些桥梁以各自的突出特点展现在八闽大地上，为祖国桥梁史写下了光辉的一页，完全可以说，福建的古代石梁桥开创了石墩石梁桥的一个黄金时代。

当然，福建古代桥梁的成就，也不单单是石墩石梁桥的发展与创造，也还应当包括闽北地区古田、屏南的木拱桥、闽西永定以及福州地区"薄拱桥"，正是这些形态各异、色彩缤纷的各式各样桥梁，组成了福建古代桥梁独特的风景线。

最后，应当指出，福建古代桥梁兴起于宋朝时期的泉州地区，是有其深刻的历史原因的。恩格斯指出："科学的发生和发展一开始就是生产决定的。"

南宋时期，泉州由于政治与经济原因，崛起成为当时我国最大的港口。《伊本·巴图塔游记》甚至认为"称为世界唯一最大港口亦无不可"，当时"大船百艘，小船无数"，来往着阿拉伯、印度、意大利、摩洛哥等三十余国的数以万计的商人，一派经济繁荣景象，"番货运物，异宝珍玩之渊薮，殊方别域，富商巨贾之窟宅，号天下最"（吴澄《送姜曼卿赴泉州路录事序》）。

由于泉州港崛起成为当时世界最大贸易港，同时又是中外政治联系和文化交往的枢纽，交通的发展就成为迫切的需要，这样首先建成了全国南来北往官道上的洛阳桥，接着是跨越晋江、沟通市区的浮桥、顺济桥等，以及口岸货物运输需要的跨海桥、海岸桥，也在短短的时间兴建起来，如安平桥、风屿盘光桥、玉澜桥、海岸长桥等等。根据粗略统计，以南宋绍兴年间（1131—1162年）前后的一百五十年里，泉州共造了几十座大桥，桥梁总长50余里，这就是所谓"南宋时期泉州地区造桥热"现象。

图0-3 福清龙江桥

福建省石墩石梁桥中，保存较好的屈指可数，福清龙江桥是其中有代表性的一座。1961年公布为福建省的第一批重点保护文物。桥全长476米，共42孔，平均每孔长度为11米，桥宽约为5米。

图0-4 屏南万安木拱长桥/后页

屏南万安桥又名"彩虹桥"。根据《屏南县志》：宋时建，桥处屏南县龙江村，旧称"龙江公济桥"，共六跨，石墩台，桥全长约100米左右。多跨木拱，这在我国尚属罕见。几经水毁，清乾隆七年（1742年）重建，民国初毁于火，现存木拱桥为1932年重建。

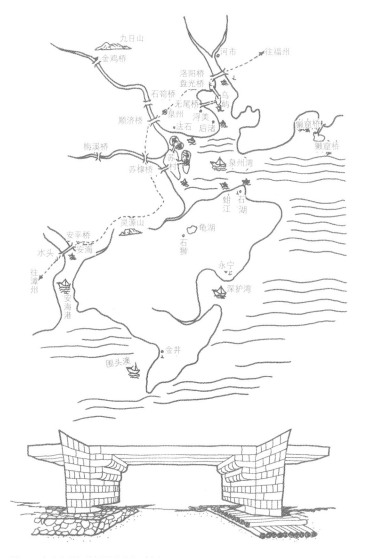

图0-5 南宋泉州部分桥梁分布图/上图

南宋泉州造桥热和港口贸易发展有密切关系。绝大部分桥梁，都是近海、靠海，甚至伸入海湾，目的是使各个港区、码头和泉州市联系紧密，往来便捷。所以，南宋泉州地区桥梁迅猛发展的根本原因是由于泉州港的崛起。

图0-6 抛石、睡木基础示意图/下图

在软土地基中先抛石挤淤，产生先期沉陷，使地基坚实，然后在石面上砌筑桥墩。洛阳桥的桥墩就是抛石基础。这在文字上没有明确记载，但可从《泉州府志》宋王十朋的"五丁投石"、"精卫填海"等诗句中找到佐证。

睡木基础，系指在桥墩处，铺设两层木料作底板，上砌桥墩，基础下沉即到平衡为止。1958年，泉州水利部门拆除金鸡桥址改作水闸，开挖旧基时发现"睡木"。

一、泉州洛阳桥的历史与神话

泉
州
洛
阳
桥
的

历
史
与
神
话

图1-1　泉州洛阳桥侧面
20世纪90年代对洛阳桥又进行了一次大修。当时桥梁实况是：从北岸惠安县境起，有石垒路堤一段，桥由堤接出，经过一个小岛（名"中洲"），继续达于南岸晋江市境，桥长834米，砌出水面船形桥墩共46座。现桥面及栏杆均为钢筋混凝土结构，桥面宽7米。

我国的古代名桥，大都和神话结下不解之缘，这是因为"神的真实内容只是自然"，古代在征服自然中，往往把人力难以做到的事归功于神，所以神话便成了曲折反映人们与大自然斗争的透光镜。泉州洛阳桥又名"万安桥"，是闻名中外的一座巨大石梁名桥，1983年公布为全国重点文物保护单位。桥位于惠安县与晋江市交界处，即洛阳江入海尾闾上。桥创建于宋皇祐五年（1053年），嘉祐四年（1059年）竣工。现桥长834米，46个船形墩；北起惠安，经中洲小岛，南至晋江境内。由于它是我国桥梁史上第一次在海口地区建桥，"波涛汹涌，水深不可址"，所以人们在与大自然斗争的同时，也创造了一连串明珠般闪烁瑰丽色彩的神话。

在这些神话中，最有名的要算是"蔡状元修造洛阳桥，夏得海赴龙宫投书"了。故事大意是：北宋时泉州郡守蔡襄主持修桥，由于海

图1-2 洛阳桥墩构造

《宋史·蔡襄传》："襄知泉州，距州二十里
万安渡，绝海而济，往来畏其险。襄立石为
梁，其长三百六十丈，种蛎于础以为固，至今
赖焉。"洛阳桥利用生生不息的牡蛎，将桥基
胶成整体，免受海潮的冲刷破坏，是世界桥梁
史上的创举。

潮涨落不定，蔡襄就给海神写个檄文，并问谁能下得海去送文，正好吏役中有名叫夏得海的人，以为叫他，便上来应命。接过文书，才知道事情难办。于是把自己灌得酩酊大醉，卧倒海边。到醒来一看，文书已换了封皮，回来呈蔡襄，拆开一看，仅有一个"醋"字，便悟出海神示意他二十一日酉时动工。到那天，果然潮水退落，桥基得以顺利建成。这个"醋"字神话，传说最广，洛阳桥的许多记载，几乎无一不提此事。不仅《闽书》、《福建通志》上是这样讲的，而且，我国桥梁史的许多论著也是这样写的。

然而，如果仔细推敲，却可发现这个传说未免有以讹传讹之嫌。其一，过去的记载中，都把"醋"字解析为"二十一日酉时"。不错，"廿"、"一"、"日"、"酉"合起来，恰是一个"醋"字，但这却是一种牵强附会的解析，试问：酉时已经天黑，古代如何施工？其实，按宋代历法"建寅"，以正月为寅，则酉乃为八月。所以正确的解析"醋"字应为八月廿一日，而八月廿一日正是大潮趋弱之时，正可施工。其二，关于"醋"字神话，《泉州府志》上有段记载，说它是同蔡锡有关，而不是同蔡襄有关，是明朝的故事，而不是宋朝。"明宣德间（1426—1435年）蔡锡知泉州，先是洛阳桥圮坏，故石刻文云'石摧颓，蔡再来'。至是，锡捐俸修之。海深不可址，锡檄文海神，遣卒投之。卒醉卧海边，寤视檄文，题一'醋'字。锡曰：'酉月廿一日也。'……桥成，民祠于蔡忠惠祠畔，按

图1-3 泉州洛阳桥桥碑

洛阳桥上，桥碑林立，文物极盛。桥南街尾为
蔡祠，奉祠蔡襄，内有被称为洛阳桥"三绝"
之一《万安桥记》碑一座，传说为宋代四大书
法家之一蔡襄亲笔所题，书法端庄沉稳，雄伟
遒丽。此外，祠内尚有明、清碑八通以及散布
各处桥碑二十六通。

明《列卿传》亦以移檄文海神为蔡锡事。"这段资料很可贵，它矫正了历代的谬传。其实，仔细揣摩洛阳桥历代留下的碑记，可以发现，凡提到这个神话的，都写于蔡锡之后，而非以前。同时关于"醋"字解析，唯独蔡锡"八月廿一日"的解析是正确的。可见，"醋"字神话说的是蔡锡而不是蔡襄了。后人大概由于蔡襄名气大，所以把他神化了。

历史是人民创造的。鲁迅先生说过："一切文物，都是历来无名氏所逐渐造成。建筑、烹饪、渔猎、耕种，无不如此。"（《南腔北调集·经验》）但是历来的统治者，出于偏见把历史歪曲了。洛阳桥首创世界筏形基础，成功地利用潮水架设巨重石梁，它的胜利建成，是我国桥梁史上一次新的突破。然而，当年在洛阳桥上胼手胝足，倾沥血汗的桥工巨匠们却名不垂青史，功不载碑记，到今留下的洛阳桥历史，大都是蔡襄的故事，这未免太不公平了。据民间传说，洛阳桥上立有五百根栏杆石柱，并有二十八只雕琢精致的石狮，这些数字代表了五百个桥工和二十八名技师。正是这些桥工巨匠们，出没在洛阳江的潮汐风浪中，发挥聪明才智，付出巨大劳动，建成了祖国第一座"玉虹横空"、"雄镇东南"的大石梁桥，他们的丰功伟绩应当与长桥巍然并存。

图1-4 泉州洛阳桥武士像/对面页
我国桥梁装饰中石刻人物与神像不多，但洛阳桥头有四尊披甲仗剑的石刻武士，这大概与洛阳桥重修次数太多（16次）有关。石刻武士寄托镇守之意。

当然，蔡襄主持洛阳桥工程，为人民作出贡献，他的历史功绩不应抹杀。但从《宋史·蔡襄传》和欧阳修《端明殿学士蔡襄墓志铭》中看出，他虽两次出任泉州府郡，为期二年十月，而洛阳桥工程前后花了六年八个月时间，可见大部分时间他不在职，所以过分渲染就不尊重历史了。其实，蔡襄本人倒很实事求是，他在临离开泉州时，写下的《万安桥记》，共一百五十三言，只记述修桥起讫日程、桥梁尺寸、费用以及主持修桥人姓名，并不曾替自己歌功颂德，这对一个封建时代的历史人物，是难能可贵的。这，也许恰恰是后代人民怀念蔡襄的一个重要原因吧！

二、巧夺天工江东桥

在漳州市城东40公里的公路干线上，屹立一座雄伟奇丽的大石桥，这就是久负盛名的江东桥。它在蓬莱峡出口处，横跨九龙江，是宋代泉州通往广东的主干道。江东桥不仅是祖国桥梁史上的一个奇迹，而且在世界桥梁史上，也因为它的石梁庞大巨重，架桥技术难度很高，而彪炳于世界古桥之林。

江东桥又名"虎渡桥"，修建于南宋嘉定七年（1214年），历四年建成。桥长336米，桥宽5.6米左右，由三块巨梁组成，共19孔，其孔径大小不一，由于年代久远，几经浩劫，目前仅余5孔。"虎渡桥"这个名称的来历，据《读史方舆纪要》载："江南石桥，虎渡第一。昔欲修桥，有虎负子渡江息于中流，探之有石如阜，循其脉沉石绝之，隐然若梁，乃因垒址为桥，故名虎渡。"古时没有钻探设备，却能从老虎负子渡江得到启示，探寻桥址，令人钦佩。

然而，引起学者、旅行家巨大兴趣的，却是江东桥本身的技术成就。江东桥的19孔中，最大跨径在21.3米左右，每根石梁都在100吨以上。而其中最大一根，长23.7米，宽1.7米，高1.9米，重达200吨，比福建省20世纪70年代兴建的著名乌龙江大桥每块箱梁还重三倍。在运输工具落后，又没有任何起重设备的古代，这么巨大沉重的石梁，是如何开采、运输与架设的呢？简直不可思议。近八百年来，许多中外桥梁学家、旅行家进行了精心的考察与探索，但都没有得出答案。世界著名科学史家、

图2-1 漳州江东桥构造图

在今漳州东40公里处。《读史方舆纪要》载："九龙江南流香洲渡，又经蓬莱峡，出两峡间，亘虎渡桥"，这是宋代泉州府通入广东的主要干道。在我国古代桥梁中，江东桥素以构造雄伟、石梁巨大而闻名于世，其每根石梁重达100—200吨，其开采、运输与架设是桥梁史上的奇迹。

图2-2 漳州江东桥（杨斌 摄影）

英国剑桥大学的李约瑟博士在《中国科学技术史》巨著中，也只说江东桥是"一个有趣的历史性问题"。我国桥梁界先辈、《中国石桥》的作者罗英先生，曾稽考宋史以及参阅有关古代开采、运输巨石的记载，推测当初修建虎渡桥时，也许是仿效"昭功敷庆神运石"法。先将石梁各面琢平，后以麻筋杂泥混成圆柱形，俟晒坚后以大木为车，运置特别大舟，到达工地后利用潮汐涨落而架设于石墩上。他的看法，国内有不少拥护者，但并非定论。更令人惊奇的是，江东桥最大跨径是21米多，按现代力学的梁弯曲理论计算，自重在跨中产生的弯曲拉应力刚好接近该桥石料的极限抗拉强度。也就是说，如果跨径再大一些，石梁就要因本身的自重而断毁，多么精确的计算！翻开科学史，吉拉德的第一本材料力学著作问世在18世纪末，而江东桥的巨匠们提前七百年在实践上解决了梁的弯曲理论问题。诚然，我们是不会猜测江东桥是天外来客在地球上留下的纪念品，因为它确确实实是我们勤劳而聪明的祖先用血汗写成的历史，巨石架成的诗篇。

三、天下无桥长此桥

我国古代桥梁声誉卓著，在15世纪以前，一直处在世界领先地位。当时，桥梁之长，工程之浩大，当推晋江安平桥。

安平桥横跨晋江、南安两市县，即今安海镇与水头之间的滨海深处，民间称为"五里桥"。它建于南宋绍兴八年（1138年），距今已有八百多年的历史了。《安海志》上这样记载："长八百十一丈，其直如绳，其平如砥，隐然若长虹卧波。"至今大桥虽经修葺一新，但基本保留原状，桥梁中部有供人休息的"憩亭"，亭门两边有一副引人注目的石刻对联："世上有佛宗斯佛，天下无桥长此桥"。过去曾有人以为这是自吹自擂。其实不然，安平桥在1905年郑州黄河大桥建成之前，一直是我国历史上最长的桥梁，也是我国古代工程最为浩大的一座桥梁，是我国桥梁史上一座巍峨的丰碑。现桥实长2100米，全部石墩石梁，仿洛阳桥做法，桥面由石梁拼成，每根石梁重达12—13吨，为全国重点保护文物之一。

当你站在安平桥上，吟罢当年主持兴建安平桥的泉州郡守赵令衿《咏安平五里桥》的"玉帛千丈天投虹，直栏横槛翔虚空"诗句，远望石井港外，万顷碧波，水天一色，脚下的安平桥仿佛就是天上垂下的长虹；扶着桥栏拾步而去，耳听潮声隐约，有如丝竹，似乎身处虚无缥缈的玉宇琼楼了。但是，且慢飘然欲仙，要知道这里当年曾是一片汪洋大海，惊涛骇浪。在古代施工技术落后的情况下，劳动人

图3-1 晋江安平桥
由于地理上的变迁，近代安海湾已逐渐为泥沙所淤积。如今安平桥虽经修葺一新，但"沧海桑田"，桥下却出现一片片青翠的田畴。"五里桥成陆上桥，郑藩旧邸迹全消"（郭沫若诗）。但这座历时十六年修建的古桥，毕竟是我们光荣祖先征服自然的见证，聪明才智的结晶。

图3-2 晋江安平桥桥面/后页
桥梁结构形式仿洛阳桥样式，桥面用巨大石梁拼成，每根梁重12—13吨，下部桥墩仍用条石纵横叠砌而成，桥墩形式有方形、船形或半船形，并不统一。

闽 桥

天下无桥长此桥

筑境 中国精致建筑100

图3-3 泉州安平桥塔
桥塔位置在桥头东面250米处，为六角五层砖
木结构宋塔，其建造年代约略与桥相同。塔的
外面粉以白灰，俗称"白塔"。我国的塔，唐
朝雄健，宋代挺秀，此塔亦然。

图3-4 晋江安平桥桥亭

安平桥上有五座桥亭，因桥长故设亭供行人休憩，且作为桥梁装饰。中部的亭是晋江南安两县分界线，俗名"中亭"。其规模最大，面广10米；周围保存有历代重修碑记13通。两端的亭名"海潮庵"。在三亭中间，还有二座小憩亭。

民驾舟楫，运巨石，战风斗浪，前后用了16年时间，才建成这座海上长桥。

安平桥的建成，是与当时历史紧密关联的。南宋时期由于泉州港的崛起，对外贸易空前繁荣。泉州市舶岁收入竟占南宋王朝全部财政收入的五十分之一左右，泉州也因"舶货充羡，称为富州"。为了让更大和更多下海船出入，泉州市舶司就修筑了这座跨海大桥，方便船只运载和群众往来。

"南风吹山作平地，帝遣天吴移海水。"曾经几何，沧海桑田，当年的海岸线越来越遥远了，如今的安平桥已成为陆地桥了（近年实测结果：桥长2070米，桥宽3.6米）。一座偌大的历史长桥掩映在庄稼绿浪之中。历史变迁，风物犹存。

四、结构奇特的福州万寿桥

梁式桥为桥梁的主要结构形式之一，福建古代石梁桥开创了桥梁史的一个黄金时代。这些石梁桥中，除了闻名中外的洛阳桥、五里桥与江东桥之外，福州的万寿桥以结构奇特而独树一帜，引人注目。

据《福建省志》载，万寿桥俗称"福州大桥"，宋元祐年间（1086—1093年）造舟为梁，横跨南台江，北港五百尺用舟二十号，南港二千五百尺用舟百号，它是一座浮桥。意大利旅行家马可·波罗在《马可·波罗游记》一书中这样描绘："这城的一边，有一条一英里宽的大河。河上有一座美丽的长桥，建筑在木筏上面，横跨河上。"又说："许多船只航行在这条河上，珍珠宝石的贸易很兴盛，因为有许多船舶从印度载着商人来到这里。"宋代著名诗人陆游，于绍兴二十八年（1158年）任职福州，也曾有《渡浮桥至南台》一诗，诗中写了"九轨徐行怒涛上，千艘横系大江心"。一

图4-1　福州万寿桥

简支大石梁桥。在福州南门外，跨南台江。桥的中间有一中洲，洲北桥梁36孔，洲南桥梁10孔，全桥长800米。洲北桥梁已于1995年拆除新建。

图4-2 福州万寿桥墩细部构造

墩高约4—5米，墩之上下游均做成三角形分水尖，略向上翘，颇似船形，以利排水。桥墩构造为整条大石，纵横各自一层层垒置而成，构造简单，不用胶结，施工快，压重大，整体性好。

图4-3 福州沈公桥/后页

原名"迥（音炯）龙桥"，是福州市20世纪80年代初发现的一座保存完整的千年古桥。桥位于福州市郊闽安镇的迥港港口，五跨石梁桥，全长66米，桥宽4.8米。桥始建于唐朝，南宋郑性之重修，改名"飞盖桥"；清康熙十六年（1677年）沈协镇再修，改名"沈公桥"。

轨合今八尺，这是相当规模的古代浮桥了。现在保存下来的万寿桥，为元代大德七年（1303年）头陀王法助奉旨募造，已有七百多年的历史。

万寿桥是一座有特殊价值的石梁桥。我国著名桥梁学者罗英在《中国石桥》一书中说："简支石桥的构造，采用石板石梁并用的尚未多见，福建万寿桥即采用这种特殊结构。"万寿桥的桥面，不像洛阳桥那样用七根并排大梁，而仅仅采用两根大石梁，间距3米至4米，横架厚度20厘米至30厘米的石板于石梁上，桥宽约4.5米，两边护以石栏。这种主梁上横架石板的做法，既可以减少上部桥跨的主梁数量与重量，减轻基础的负荷，同时荷载通过横铺石板，合理地分散给主梁，这无疑是现代化桥梁合理结构的先声，它标志着我国石梁桥技术的发展已达到了一个相当完美的境界。

万寿桥还有一个重要特点，从平面上看似乎弯弯曲曲，从总体上看，桥中线向上游凸

闽　桥

结构奇特的福州万寿桥

筑境　中国精致建筑100

图4-4 福州沈公桥桥墩
石砌桥墩，石条纵横砌筑，为两头尖船形结构。福建石桥凡在海口附近修桥，因考虑到潮汐两个流向，利于排水，减少冲刷，大都是船形结构。两墩之间，设五根石梁，厚一米左右。

图4-5 福州沈公桥桥碑

沈公桥两端各有庙宇一座,均为清代重建。西南端为玄帝庙,庙旁立有石碑两方,一方上书"飞盖桥",另一方是"沈公桥"榜书,系康熙十六年更改桥名时所立。桥的东北端为圣王庙,内祀齐天大圣,殿为重檐九脊顶,前有跨街廊亭,背负磐石高山,层峦叠翠,面对百丈长桥,临流侧影,碧波摇碎。

结构奇特的福州万寿桥

◎筑境 中国精致建筑100

图4-6 福清龙江桥桥面

《福清县志》云："龙江桥在万艮里，江阔五里，深五、六丈，始太平寺僧宋恩垒石为台，宋政和三年癸巳（1113年），林迁兴、僧妙觉募缘成之，空其下为四十二间，广三十尺，翼以扶栏长一百八十余丈，势甚雄伟。"

出，形成一个大弧线。原因在于：万寿桥是采用抛石基础，即造桥之前，桥工依桥轴线分抛大石，待石堆稳定后在其上建筑桥墩。由于桥位处流水面束窄，风高浪急，在古代建桥设备简陋的情况下，对桥中线控制不易，同时考虑到中洲分水关系，以便控制桥位进行施工，这恰恰说明古代桥工已初步掌握了水力学原理。

以后，为了通行汽车，在桥面添上两根钢筋混凝土大梁，置于旧石梁外边，并用横梁连系，加筑钢筋混凝土桥面，拓宽至6米，可通行两辆汽车，两边设有人行道。目前，洲北桥梁已于1995年拆除，正在兴建新桥，保留洲南10孔桥梁。

五、桨声灯影里的安泰桥

图5-1 福州小桥
因邻近福州大桥（万寿桥）而得名。是古代典型薄拱石桥，净跨8米，拱券干砌毛石仅厚20厘米，拱顶上即12厘米厚的路面层。桥处市区主干道八一七路上，昼夜车辆逾千，有时甚至通过20吨重车，安然无恙。

八闽古代桥梁，素以历史悠久、技术精湛、石雕细腻而闻名中外。据近年来实地考察，全省现存古代桥梁中，要算福州安泰桥历史最为久远了。据《乾隆福州府志》记载：安泰桥系唐朝所建，宋宣和年间（1119—1125年）重修，曾建亭其上，亭今废。

古代的安泰桥，是福州城区运河交通总枢纽，它曾是一座历史名桥。唐宋时期，福州港与泉州港同时并存，福州港的航线已东至日本，西至阿拉伯诸国，当时安泰桥一带"百货随潮船入市，万家沽酒户垂帘"，呈现一派繁荣昌盛景象，成为城区经济中心。

《榕郡名胜辑要》一书中，描写当年的繁华是"人烟绣错，舟楫连云，两岸酒市歌楼，笙歌从柳荫榕叶中出"。若逢端阳佳节，则龙舟从桥下穿梭而过，鼓乐喧天，十分热闹。宋代散文大家曾巩，也曾在这里咏诗赞道："红

图5-2 福州西湖步云桥

我国园林中拱桥居多，曲线流畅，雕琢华巧，
或单孔或多孔。单孔清碧光莹，玲珑如丹；多
孔则"长虹卧波，未云何龙"。步云桥为连接
福州西湖娱乐场和动物园通道，旁边桂斋曾是
民族英雄林则徐的读书处。

图5-3 福州西湖玉带桥/后页

福州西湖按几个湖屿布局，由"飞虹桥"、
"步云桥"和"玉带桥"组成有机整体，成为
西湖的纽带。玉带桥是20世纪80年代新建桥，
造型美观，宛如玉带。桥两边石栏杆均刻有
松、竹、梅图案，造型典雅。

桨声灯影里的安泰桥

筑境 中国精致建筑100

图5-4 永定高陂桥构造图
在永定县高陂乡。桥建于明
成化十三年（1477年），清
乾隆乙未年（1775年）重
建。为单孔半圆石拱桥，跨
径20米，高约15米，桥宽约
7.5米，全长60米。主拱券
由条石干砌，厚度60厘米，
拱上结构和桥台护坡均用石
灰浆砌，是我国古拱中"薄
拱"技术的代表作品之一。

纱笼竹过斜桥，复观翚飞插斗杓，人在画楼犹
未睡，满堤明月五更潮。"

更值得一提的是，安泰桥具有重要的科学
价值，它与福州小桥以及闽西永定县的高陂桥
一样，是近年桥梁学者引为奇迹的所谓"薄拱
桥"，它跨径20米左右，主拱券尺寸仅厚20厘
米，比现代桥梁设计理论计算的要小得多，每
天车辆逾千，而桥却巍然屹立，已引起国内专
家的关注。我们的祖先是怎样创造"薄拱"奇
迹呢？有人认为，是在拱背填料上别出心裁，
采用生石灰、砂土、鹅卵石拌合成三合土，与
主拱券凝成整体，共同受力，实质上是增加了
主拱券厚度；也有人认为，是拱肩上设置间壁
石和长系石，使填料与边墙形成一定联系，限
制了主拱的变形，增大主拱的强度与刚度。总
之，安泰桥的存在，不仅说明我国古代桥工能
匠的聪明与才智，同时也是研究我国石拱桥建
筑技术的重要文物。

六、闽东木拱桥与《清明上河图》

宋代画家张择端的《清明上河图》，是我国古代风俗画的杰出代表作。图的主题是北宋时代东京汴州（今河南开封）城内外欢度佳节的盛况，它真实地记录了宋代的政治、经济、科学技术与文化。图幅中的一座虹桥，很引人注目。《中国古代桥梁》一书的作者唐寰澄曾在《新观察》杂志上著文说，这座虹桥是我国古代人民首创的木拱桥，是世界桥梁史上绝无仅有的奇巧结构。

据估算，这座虹桥跨径25米，离水面约6米高。主拱结构由两个折线木杆件木拱架组成。两个拱骨架在桥横向相错排列，通过横向搁置的若干木横骨的承托作用，形成一个稳定的整体结构。纵骨靠横骨支承，横骨又靠纵骨依托，相互形成拱，这正是我国古代人民匠心独运和建筑构思上的精华。而总观整体主拱结构，轮廓刚劲，线条柔和，均匀对称，造型美观。

"繁华梦断虹桥空，唯有悠悠汴水东。"多少年来，我国的桥梁学者，面对着《清明上河图》，一面称颂我国古代人民的聪明才智，另一面却为当年的虹桥毁于战乱，导致失传而深感痛惜。然而，值得庆幸的却是虹桥并未被

图6-1 屏南龙井木拱桥主拱/对面页
主拱结构为二个系统。第一系统为5根短拱骨，排成折线形；第二系统为3根拱骨。第一系统并列9组，第二系统并列8组，但最上一根拱骨通过横木，改为9根，二组穿插，唯顶上拱骨为同数而互相对齐。

图6-2 屏南龙井木拱桥桥屋/上图

桥面木纵梁上统称桥屋。龙井桥屋，屋架共9
檩，4柱，柱脚下有通长横木作柱基，亦使四
柱的力平分在9根水平拱骨或纵梁上。每二榀
屋架下横木之间用小梁连接，上铺桥面板。全
桥共有屋架12榀，瓦面屋顶。

图6-3 屏南龙井桥碑/下图

《龙井桥志》："龙井桥不知昉自何代，询之
父老及遗碑创自炎宋亦究无实录，终回禄于乾
隆年间。"尽管如此，但从结构风格看，龙井
桥当是南宋时代作品。

图6-4 屏南千乘桥/上图

《屏南县志》记：千乘桥在棠口，有亭，长十一丈，阔一丈八尺，自宋以来，重建已三次矣。迨嘉庆十四年（1809年），两河伯一时争长，又荡然无存，募金再造于嘉庆二十五年（1820年），临渊垒石，下同鼎峙；千秋架工，凌空上拟。虹横百尺，自此依然有千乘桥济厥巨川也。桥全长72米，每孔约39米，宽5米。

图6-5 屏南千乘木拱桥构造/下图

《屏南县志》载："千乘桥桥基砌在岩石上，其墩干砌，主拱正桥为纯杉木结构，不用寸钉，不费寸铁，只仗椽靠椽，桁嵌桁，相护相接，互依互固，桥底拱而桥面平。"这正是浙南闽东现存木拱与当年虹桥不同的地方，两个系统之间全为榫接。

图6-6 屏南溪坪木拱桥/后页

在屏南县黛溪乡南山村，南宋时创建，清代重建。目前桥长34.3米左右，净跨28.3米，为折线形木拱桥。

闽桥

闽东木拱桥与
《清明上河图》

湮没，近年来在闽东连续发现几座木拱桥，无论从结构形式上，或者在建筑风格上都与八百多年前的汴州虹桥一脉相承，完全相同。事实证明，虹桥这颗建筑明珠，并没有尘封土掩，依然放射光芒。

闽东发现的木拱桥，有屏南县万安木拱长桥、溪坪桥、龙井桥、千乘桥，古田县的公心桥等等。这些保存下来的古代木拱桥，或跨越激流险滩，或飞渡深谷陡崖，既异常壮观，又与大自然浑然一体，为壮丽河山增添秀色。其中以千乘桥历史最为悠久，据《屏南县志》记载，系宋朝建筑。目前遗留下来的木拱桥，乃清嘉庆二十五年（1820年）重建，迄今也有将近二百年的历史了。

闽东木拱桥不仅继承了汴京虹桥以木结构纵横相架自成稳定的拱式结构特点，而且技术上有所创新。首先桥面不再是圆弧曲线，已发展为平坡，或由跨中向两端设缓和的凸形反

图6-7 屏南溪坪木拱桥桥屋
木拱桥都有桥屋。其功能有三：一是防雨排水，保护桥梁；二是增加桥重，保证稳定；三是或为旅人遮风避雨，或为交通设置关卡。

图6-8 屏南县万安桥桥屋

这是罕见的长木拱桥屋。桥屋不仅是桥梁建筑艺术上的装饰，而且也是一种多功能结构物。《闽部疏》："闽中桥梁甲天下，虽山坳细涧，皆以巨石梁之，上施橡栋，都极壮丽……盖闽水怒而善奔，故以重木压之……亦镇压意也。"所以，桥屋对于桥梁，特别是木拱，还有一个极为重要的作用，即增加稳定。

图6-9 屏南千乘桥桥屋神龛/后页

桥屋设神龛并不多见，或许是由于木拱桥易于毁坏，或者是由于木拱桥构造复杂，施工很难，故而都要祈求神明保佑。屏南几座木拱桥桥屋中都设神龛，而且香火极盛。

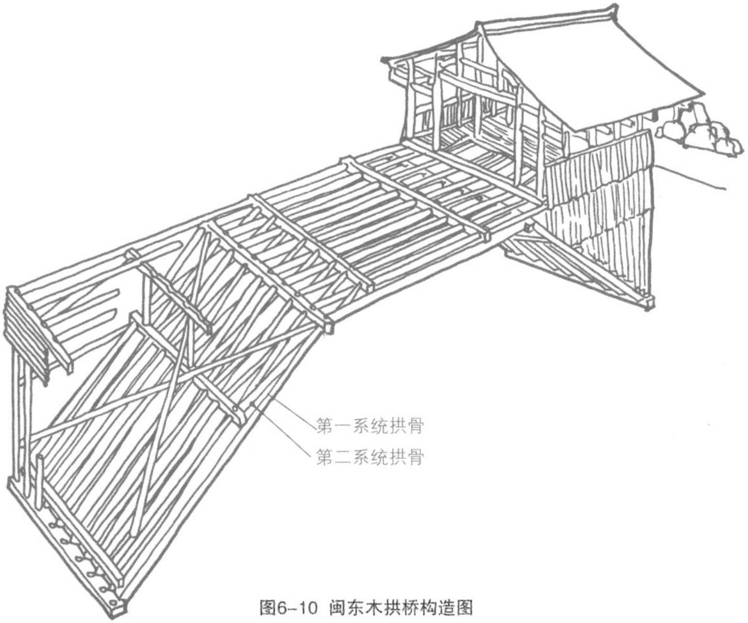

闽东木拱桥与《清明上河图》

闽

桥

筑境 中国精致建筑100

第一系统拱骨
第二系统拱骨

图6-10 闽东木拱桥构造图
桥面布置与虹桥不同。除中间直接支承在第一系统水平拱骨外，左右均设桥面系。桥面系9根木纵梁，一端顶住端竖排架上横梁，另一端顶住第一系统上横梁，组成一个从左岸到右岸连通顶紧的水平支撑，平衡两岸端竖排架后传来的水平推力。

坡，它增加了作为拱上建筑的立柱和纵梁，是技术上的一个进步。其次，《东京梦华录·河道》记载，汴京虹桥"饰以丹，宛如长虹"，所谓"饰以丹"就是用油漆防腐与装饰。江南多雨，闽东木拱桥，在桥的两侧钉上密闭挡板，防止雨水对主拱的侵蚀，同时多在桥上建筑淡雅别致的桥屋，既供旅人、樵夫遮风避雨，又可延长桥梁寿命，此外，也增加了主拱的横向稳定性。这些都构成闽东木拱桥的独具特色。

七、『亦拱亦梁』的莆田观桥

"亦拱亦梁"的莆田观桥

筑境 中国精致建筑100

我国的石拱桥具有悠久的历史，它富有民族特色的建筑形式，是我国建筑艺术画廊的瑰宝之一。

国内桥梁专家认为，拱桥是从梁式桥跨结构的伸臂梁演变而来，大体经历了多边形桥梁阶段，而最终形成拱式桥梁。这个结构体系的重要发展与转换，一直是桥梁学者们很感兴趣的问题。为了论证从梁式桥发展到拱式桥的推论，科学工作者艰难跋涉，叩问了祖国的山山水水，寻找拱桥发展的中间环节。这个问题很重要，是一部完整的桥梁史不可短缺的一部分。

桥梁学者终于找到了泉州石笋桥的伸臂梁结构、浙江新登的五边形桥等等，这些桥梁明显地保留了从梁桥发展到拱桥的痕迹。然而，就目前发现的真正体现"亦梁亦拱"的典型桥梁实物，应当算莆田旧宁真门外的观桥。观桥

图7-1 莆田观桥构造图
拱桥的外形，梁桥的结构。做法是采用石伸臂从桥梁墩（台）层层挑出，每层两边伸臂约15—20厘米，各层伸臂相压递出，共十一层。本来石伸臂是在一定梁长下，增大桥的跨径，但在这里却为从石梁桥发展到石拱桥提供了一个实物模型。

图7-2 泉州石笋桥构造图

为古代典型的石伸臂梁桥。各层伸臂按丁、顺砌筑，直接相压递出，墩身浑然一体。这在中国建筑中系脱胎于砖砌结构，名曰"叠涩"。福建石梁桥中，属于"叠涩"出檐结构的，还有泉州安平桥、福清龙江桥以及莆田熙宁桥等。

a 浙江江宁旺岸桥（章莉 绘）

图7-3a~c 从伸臂梁—三边石梁桥—五边石梁桥—石拱桥转化示意图
从石梁桥向石拱桥转化，开始是从石伸臂梁突破。中间经过了亦拱
亦梁阶段，如现存莆田观桥实物。但如拱桥跨径较大，则伸臂"叠
涩"过多，于是就出现了三边梁、五边梁以及多边梁的过渡环节。

b 浙江仙居镇安桥（章莉 绘）

c 浙江绍兴昌安桥（章莉 绘）

「亦拱亦梁」的莆田观桥

筑境　中国精致建筑100

又称"兼济桥"，在城厢镇北菜市场后。《福建通志·卷十七·津梁志》载："宋太平兴国八年（983年）建，其下通流水，明成化年间，疏郡城里河改建石桥，醴水为三道。"观桥共有三跨，全长15.4米左右，其结构形式既不同于泉州石笋桥的伸臂梁桥，又不同于浙江绍兴昌安桥的五边形桥，它在墩顶支座处层层挑出，层层压牢，形成拱弧，并在拱顶用一块特殊巨大的石梁压顶。这种结构外形虽然是拱式结构，但实质上还是无推力的梁式桥，难怪省志、地方志都把它说成是三跨连拱桥。

莆田观桥虽然是一座鲜为人知的小桥，但在桥梁史上应当占有一席之地。它不仅证实了桥梁与建筑学者们的推论是正确的，从梁式桥发展到拱式桥有个"亦梁亦拱"的中间环节；同时，更为重要的一点，还在于它说明了尽管古罗马在公元前5世纪就出现了拱桥结构形式，但中国的拱桥不是外来品的移植，而是在中国土地上土生土长的，虽然在历史长河中，它步履蹒跚，然而确确实实是我国劳动人民的一个伟大创造。

八、宋代闽地杰出的
桥梁工程师——道询

图8-1 道询塑像（吴庆雄 林建筑 摄影）

中国古籍有关桥梁的记载很多，从建桥的沿革到桥梁的造型与装饰，描述歌咏，开卷可得。但是关于历代建桥工匠的记述却茫然难考，能得"名见经传"者更是寥若晨星，这是因为在封建社会里，工商技艺被视为末流的缘故。

造桥匠师得以留名千古的见于唐代张嘉贞《安济桥铭》。但铭中也仅留下一句话："安济桥，隋匠李春之迹也。"原来著名的安济桥（即赵州桥）是隋朝巧匠李春的杰作。但绝大多数桥梁的碑记吟咏，多为文人墨客颂德歌功、托物寄兴之作而已。

福建永定的高陂桥碑记，以文简意深为人传诵。文曰："天有缺，则炼石以补之；地有缺，则架桥以通之。补天者谁，女娲是也。架桥者谁，芳名列后……"但纵观碑上芳名，却是捐资者，不见出力者，似乎忘记了炼石补天的女娲和造桥工匠原来都是出力者。

福建古代以"桥梁甲天下"而闻名于世。在建造这些桥梁的出色的工程师中，只有在《泉州府志》等史籍里发现了宋代道询和尚。他殚心竭虑为福建修造了大量桥梁，对这位造福桑梓、功不可没的匠人，很值得向读者介绍。

英国李约瑟博士的《中国科学技术史》有这么两段话："福建的大石桥、海塘和其他公共建筑，和佛教徒的名字有特别密切的关系。对他们来说，造桥是一件做功德的事，同时，他们可能就是出色的工程师。""这些人中最著名的就是道询，他在福建修造了各种桥梁超过二百座……他的最大成就就是泉州附近的凤屿盘光桥，同时也修建了一些地坊和海塘。"

道询的生平籍贯已无从稽考，只知道他是南宋时人，长期居留在泉州一带，卒于南宋景炎三年（1278年），大概在佛门里他仅是一个下层的普通僧侣，所以地方志、寺志等文献都看不到他的履历。但他一生在桥梁史上的光辉业绩是永远刻写在八闽大地上的。据《泉州府志》记载，他的修桥生涯开始于13世纪的南宋开禧年间（1205—1207年），在短短的几十年里，仅在泉州一带，他就留下了凤屿盘光桥、弥寿桥、登瀛桥、通郭桥、清风桥、青龙桥和獭窟屿桥等七座长桥。这些桥梁约占泉州地区现存的古代石桥的九分之一。这惊人的成就在世界桥梁史上实属罕见。

历史上一个地区桥梁的建造，与当代社会经济文化的发展，和随之而来的水陆交通运输事业及人民生活的需要，有着极为密切的关系。南宋时代正是泉州港海外交通贸易空前繁盛，城市经济日臻发达的时期，也是泉州历史上修建大石桥最多的时期。道询主持修造的这些长桥，就是为了适应这一时期社会经济发展和内外交通运输的需要，因此它们大多数建于沿海靠近泉州的地区。被李约瑟博士誉为道询最大成就的凤屿盘光桥便是明显的一例。

凤屿俗名"乌屿"，位于洛阳桥东不到五里的江心，是洛阳江口与后渚港之间航道的中继站。由于它居泉州湾最内侧，宜于海舶避风，所以"宋明间洋艘岁泊于此"（见乾隆时《重修乌屿桥碑记》）。岛上"商贾络绎"，贸易繁盛。由于它毕竟是一个海岛，要加速进口货物的装卸运转，势必要使它同大陆连成一体。于是在宝祐年间（1253—1258年），由道询和尚主持，依照洛阳桥的样式，在洛阳江上又架起了一座大型石桥，即盘光桥。据《读史方舆纪要》载："桥一百六十间，长四百余丈，广一丈六尺，与洛阳桥海中相望，如二虹然。"这时，距洛阳桥建成的时间已隔二百年，工程规模比洛阳桥大得多，而施工时间却比洛阳桥还短一年，可见道询和尚在建桥技术水平和施工组织能力方面都已有显著的提高。

道询和尚修造的桥梁，不仅数量多，而且突破陈规，在技术上有所创新，表现了一个卓越工程师的聪明才智。《名胜记》说，他修造獭窟屿桥时，初待舟于该地，同一髯道人研究如何在海潮中作桥，得到一髯道人的鼓励，然后"道询遂率徒操舟运石，成桥七百二十间，南北跨两岸，潮至桥没，潮退可渡。"

当代桥梁史家对这段记载十分重视。因为中国古代架设石梁的方法，一般是先在桥孔上架设临时的木梁，有时因跨径较大，就在桥中间添设木排架，用滚木推拉和一步步撬动的办法，把石梁送上桥孔架设起来。在福建沿海架设石构桥梁，如沿袭这个老办法，就得从岸边逐孔架排拖拉，费时费工，很不合算；而且由于海潮涨落的冲击，排架容易被冲走。道询和尚摒弃旧法，改为"操舟运石"，乘潮涨船

图8-2 泉州洛阳庵边蟳沙
寺（吴庆雄 林建筑 摄影）
由道洵始建于南宋，寺初
名真阳庵。宋端宗景炎元
年（1276年）勒赐"灵应
禅寺"，故改名为"灵应
寺"。原寺已拆，这是新
建的。

a

b

图8-3 泉州洛阳庵边蟳沙寺内景（吴庆雄 林建筑摄影）

浮，将石梁运到桥址梁孔之间，潮落船下降，梁就妥帖地搁上了。这就是明人周亮工《闽小记》说的："激浪以涨舟，悬机以弦纤"的著名施工法。过去民间传说，洛阳桥的梁是这样架上去的，但不见任何文字记载。近年许多桥梁史家认为这应该是道询和尚的创造发明，后人看到这个办法确实巧妙，便把它附会到蔡襄造洛阳桥的神话故事上去了。

此外，桥梁史家还注意到《名胜记》说的"潮至桥没，潮退可渡"这八个字。他们由此看出当时的獭窟屿桥还是一座漫水桥。从地理位置上看，此桥与洛阳桥隔海相望，居洛阳江以南，不在当时泉州至福州的主干道上，属于辅助交通桥，修漫水桥实较为合适。这种因地制宜，节约造价，缩短施工时间的造桥方案也是难能可贵的。由此可见，道询和尚确实不愧为中国古代一名杰出的桥梁工程师。

九、外国人笔下的福建石梁桥

福建的古代石梁桥誉满天下，《闽部疏》中曰："闽中桥梁甲天下"，几乎成为评价福建古代桥梁的定论。我国著名桥梁专家茅以升教授在《中国的古桥和今桥》、著名桥梁专家唐寰澄在《中国的古代桥梁》、《桥》等著作中，也都引用这个评价。

不仅国内评价如此，值得注意的是，从12世纪以来福建石梁桥也引起了世界各国使节、旅行家、学者的极大兴趣。他们纷至沓来，足迹遍及八闽大地，实地考察，撰文介绍。于是，福建巨大的石梁桥也成为脍炙人口的建筑艺术珍品，彪炳世界桥梁史林。

1275年意大利马可·波罗来我国，在我国居住了二十多年。写了著名的《马可·波罗游记》。在这本书中，他不仅介绍了北京的卢沟桥，而且还称赞了福建建宁府的三座桥梁。

图9-1 泉州顺济桥
顺济桥在德济门外笋江下游。清《怀荫布记》："泉州桥梁，难更仆数，其跨江而当孔道者，东有万安，南有顺济。顺济则嘉定四年（1211年）前太守邹景初建也。长百十余丈，广丈四尺，为间三十有一，扶栏夹之。"

图9-2 晋江大桥

《泉州府志》晋江县记："大桥，在三十二都。宋太平兴国年间（976—983年）建。"桥墩为长条石横直干砌，上架石梁，晋江大桥与晋江小桥是目前福建古桥中保存最久的桥墩。

图9-3 晋江小桥/后页

《泉州府志》晋江县记："小桥，在三十一都。宋太平兴国年间（976—983年）建。"桥墩为长石横直干砌，上架石梁，设简单的石栏。

1575年西班牙使者米古尔·德洛卡（Miguel de Lorca）从厦门到福州，在他的旅行日记中，精彩地描绘了泉州城的著名桥梁。

1577年葡萄牙伽列脱·佩雷拉（Galeote Pereira）自中国返回欧洲后，称述福建省大石桥，为数既多，石料巨大，雕琢精美，曾经感叹说："全世界建筑工人应数中国第一。"

1659年，法国的多明戈·德纳雷特（Domingo de Navarrete）曾亲自考察过洛阳桥，对桥梁有生动的描绘并且十分推崇蔡襄的历史功绩。

以上这些资料，仅仅是从目前查到的历史文献中摘引出来，一鳞半爪，很难概全，但是我们已经可以领略到福建古代石梁桥在世界上的地位了。对于福建古代石梁桥作出全面评价的是当代世界著名的科学史家——英国李约瑟博士，他在浩瀚巨著《中国科学技术史》

闽 桥 ｜ 福建石梁桥 ｜ 外国人笔下的

◎筑境 中国精致建筑100

图9-4 福清龙江桥细部构造

龙江桥桥墩上两边各用挑梁伸出约60—80厘米,桥墩做成船形分水尖,桥墩长9.6米,宽3米左右。因桥在入海口处,受泉州洛阳桥影响,流风所及,亦用牡蛎加固基础。上部结构亦有创新,仅用五根石梁,上搁石板,减轻重量,缩短工期。

中说："中国古代桥梁在宋代有一个惊人的进步，造了一系列巨大板梁桥，特别是福建省。在中国其他地方或国外任何地方，都找不到和它们相比的。"并且这些桥梁"几乎每座都非常美观"，"是合理与浪漫的巧妙结合"。这位已故中英友好协会的主席，中国人民友好的使者，原来是一个生物化学的研究生，出于对东方古老文明的向往，于1938年毅然放弃自己的专业，远渡重洋，来到中国进行科学史的研究。1944年，一个阳光灿烂的5月，李约瑟到了福州。铺着石板路的街坊、奇特的温泉立刻吸引了这位年轻的学者，然而更使他沉醉的却是雄伟巨大、雕刻精巧的大石梁桥，他简直像迷恋印度的泰姬陵、巴比伦的空中花园和古罗马大斗兽场那样，终日流连忘返。应当说，福建古代石梁桥，在中外桥梁史上占有这么突出的地位，这是与李约瑟的功绩分不开的。这位诚实而又热情的世界著名科学家，让福建的桥梁名扬天下，像明珠一样发出绚丽夺目的光彩。

图9-5　莆田熙宁桥

位于福建莆田县城东3公里许旧白湖渡，石梁桥。宋熙宁年间（1068—1077年）始造舟为梁。靖康元年（1126年）太守江常伐石海上，张读续之，长40寻，广1.6丈，共计8孔。现存桥为清康熙四十二年（1703年）重建，是福建古桥中保存较为完整的一座。

图9-6 熙宁桥构造细部

纵横叠砌，做法典型，保存完整。20世纪40年代墩上加墩，
改为钢筋混凝土梁桥，为通向湄洲湾主干道。

图9-7 晋江下辇桥 / 上图

在晋江县。《隆庆府志》记："宋幼主自万岁山南行，经此下辇，故
名。元至正年间（1341—1367年），僧法助建，凡六百二十间。明
洪武间，桥南沿江一带陷，二十九年（1396年）募赀徒入田中。"

图9-8 晋江下辇桥桥面 / 下图

现存三跨石梁，桥面由六根石梁拼成，每根重在10吨以上，桥上原有
古朴的栏柱，添上栏杆，保存较好。分水尖上元至治年间（1321—
1323年）的石刻字依稀清晰可见，让人隐约听见历史的涛声。

十、福建古桥的建筑艺术

图10-1 屏南千乘桥桥屋
木拱桥大多乃单孔，而千乘桥为双虹跨溪。所以千乘桥桥屋除了能满足其桥屋的功能外，古代聪明的巧匠，利用桥屋屋脊的变化加强中墩的情趣，在建筑艺术处理上可谓独具匠心。桥屋25榀，瓦面屋顶，保存较好。

图10-2 屏南龙井桥全景//对面页
在屏南县坑里村北部10公里的霍童溪上游。隔岸两山相映，悬崖峭壁，万木森立，溪势险恶，水流湍急。桥创建于宋代，清乾隆年间毁于火，嘉庆二十三年（1818年）重修。

福建古代桥梁建筑不仅在技术上取得了重大突破，而且在建筑艺术上也为我们留下了宝贵的文化遗产。

主从相衬，形象庄重，这是福建古桥建筑艺术的一个普遍特点。为了使桥梁主体更加美丽，往往在桥的周围以及桥上附设建筑物和雕刻加以衬托，这样使整座桥梁体形主次分明、匀称悦目，给人以庄重、均衡和稳定的美感。福建现存的每座石桥几乎都体现这一桥梁美学原则。修建于宋绍兴三十年（1160年）的泉州浮桥，原系石梁石墩桥（现改为钢筋混凝土梁），桥长八十余丈，桥栏边上原有八塔、八护神、四个石将军、四只石狮，桥上一中亭，出入口亦各一亭。这些附属设施与桥梁结构本身并无直接联系，但两者互相衬托，犹如红花绿叶，相得益彰，增添了桥梁建筑的丰韵，突出了桥梁主体的伟岸。再如龙岩八字撑架桥，在两跨桥孔的中墩上建塔，塔高三层，六角重

图10-3 福清龙江桥桥塔

桥头竖立的石刻小品，通常有华表、经幢和石塔。而福建古桥的桥头小品则往往是石塔。经幢和石塔都是佛教的标志，这大体上与福建在宋时大量僧人参与造桥有关。龙江桥石塔，仿木楼阁式石塔，工艺精细。

图10-4 屏南千乘桥碑 / 上图

碑在桥南，为清道光二年（1822年）所立。桥碑记载，千乘桥创自宋理宗年间，因桥头有祥峰寺，原名为"祥峰桥"，明末清初毁，嘉庆二十五年（1820年）重建，改名"千乘桥"。

图10-5 晋江玉澜桥桥碑 / 下图

在今晋江县上浦到塘头，宋绍兴间（1131—1162年）僧仁惠修。现存之桥为清宣统庚戌年（1910年）重修，仅余5孔，各净跨4米左右。

檐，主从鲜明，有明显节奏感，构成一座风格迥异的古代桥梁。

桥屋结合，别开生面，这是福建石桥建筑艺术的另一个特点。凡是到福建旅行的人，或在崇山峻岭、山溪绝涧之旁；或在险滩急流、柳岸沙汀之际，有时可以看到一种瑰丽多姿，结构独特的桥梁，这些桥梁横亘如虹，上覆廊屋，饰以重檐，挺然秀出，饶有画意，建筑学家称为廊桥，民间俗呼屋桥。福建现存的古代廊桥为数不少。如屏南的千乘桥、龙井桥和溪坪桥，古田的公心桥以及闽南永春的通仙桥等。廊桥桥面，通常铺以木板，或于其上再置石板，铺以方砖。屋架梁柱，全系木构。屋架多是两坡重檐，朴素淡雅。廊桥不仅是桥梁艺术上的一种装潢修饰，而且也是一种多功能建筑物。它或为过旅行人，借避风雨；或为商贾摊贩，依桥设肆；或为设置关卡，扼守要津，等等。福建古代廊桥的发展还有一个重要原因，《闽部疏》曰："闽中桥梁甲天下，虽山

图10-6 莆田宁海桥
宁海桥位于莆田黄石桥兜，木兰溪入海处，始建于元代元统二年（1334年），由僧越浦倡建。明清间数次倾圮。目前宁海桥是清雍正十年（1732年）修复。桥全长225米，宽5.8米，共十五孔，为船形墩石梁桥。福建省一级重点保护文物。

坳细涧皆以巨石梁之，上施榱栋，都极壮丽……盖闽水怒而善奔，都以重木压之，亦镇压之意也。"桥上建屋增加重量，使桥梁稳定，适应了奔流湍急、冲刷严重的八闽江河。

气势磅礴、雄伟壮观，是福建古桥建筑艺术的又一特点。雨果曾经说过："人类没有任何一种重要思想不被建筑写在石头上。"南宋泉州地区所造的桥梁无不以石梁巨大、气势非凡而引人注目，从精神和审美观点看，它要体现的正是一种"天朝大国"的崇拜意识。浩大的工程，巨大的体量，就是用以来树立和强化宋王朝的形象。然而，在客观上它们却成为独立的审美对象。

选址合理、布局巧妙。这也是福建古桥的重要特色。美起源于它的物质实用性，作为精神范畴的桥梁

图10-7 莆田宁海桥桥墩 / 上图

福建地区的古代石墩石梁桥，基本上都是这种类型。它是对我国传统石墩的改进创新。它不再每层都有丁石顺石，而是条石垒砌，石条既轻便，排列又简单，加快了施工速度。

图10-8 泉州石笋桥 / 后页

石笋桥在临漳门外，宋《王十朋诗记》："宋皇祐元年（1049年），太守陆广守是邦，始造舟为梁于石笋之江，民得履坦，因名浮桥。绍兴二十年（1150年），僧文会作石梁桥一十六间，长七十五丈五尺，广丈七尺。"

闽

桥

福建古桥的建筑艺术

筑境 中国精致建筑100

图10-9 福州沈公桥桥面
福建古代石桥装饰极为丰
富，且民族趣味浓厚。沈公
桥桥上石栏柱共三十六根，
每根栏柱宽厚达45厘米。柱
首雕琢雄狮、海兽以及莲球
等七八种花纹，造型古朴，
线条流畅，神态活跃，具有
很高艺术魅力。

美，与物质功能既有联系又有区别。但是美的桥梁首先必须满足功能性的要求。所以，桥梁的配置以及使用功能的充分发挥，只要是合理的，这本身就是一种美，一种艺术。

南宋泉州地区，所建造的几十座桥梁具有很大的创造性。它们或贯通南北通道，或联结港区、市区，或沿海滩直接伸入海中，既是桥梁又是码头。这些桥梁因地制宜、顺势布局，把技术和艺术、形式和内容、自然和社会融于一体，体现了把美统一于内部和谐的最高原则，令人赞叹。

图10-10 福州沈公桥头狮子

狮子古称"狻猊"（suān ní），是毛虫之长，百兽之王。《尔雅》称狻猊："即狮子也，出西域"，汉时传入中国。但中国狮子的形象生动而富有生活气息，已经予以"民族化"了。

福建历代建桥名家与名桥录

姓名	公元纪年	建桥实绩	材料来源
李宠	1041年	晋江洛阳江浮桥	《泉州府志》
僧法超	1049—1053年	晋江悲济桥	《泉州府志》
蔡襄　卢锡　王实　许忠　僧义波　守善	1053—1059年	泉州万安桥（洛阳桥）	《泉州府志》
林仙　僧妙觉	1113年	福清龙江桥	《福建通志》
江常　张读	1126年	莆田熙宁桥	《福建通志》
赵令衿（主持）黄逸　僧惠胜	1138年	福建安平五里桥	《泉州府志》
僧仁惠	1131—1162年	泉州圡澜大桥	《泉州府志》
陈孝刚　陈知柔　文会	1160年	晋江石笋桥	《泉州府志》
陈君方	1165—1173年	晋江海岸长桥	《泉州府志》
僧道询	1205—1207年	惠安獭窟屿桥	《泉州府志》
	1234—1236年	泉州弥寿桥	
	1253—1258年	泉州凤屿盘光桥、青龙桥	
	年月不详	泉州通郭桥、清风桥	
叶廷　僧守净　徐源　李王生	1208—1224年	泉州金鸡桥	《泉州府志》
郑性之　沈协镇	1208年	福州沈公桥（飞盖桥）	榕《地名志》
邹应龙	1211年	晋江顺济桥	《福建通志》
李韶	1214年 成墩 1237年 成梁	漳州江东桥	《读史方舆纪要》
僧王法助	1303—1322年	福州万寿桥	《福建通志》
僧越浦	1334年	莆田宁海桥	《福建通志》
僧法助	1341—1367年	晋江下輦桥	《福建通志》

图书在版编目（CIP）数据

闽桥／郑振飞撰文／陈明飞摄影. —北京：中国建筑工业出版社，2014.6
（中国精致建筑100）
ISBN 978-7-112-16777-7

Ⅰ.①闽… Ⅱ.①郑… ②陈… Ⅲ.①桥梁工程 – 建筑艺术 – 福建省 – 图集 Ⅳ.①TU–098.9

中国版本图书馆CIP数据核字（2014）第081024号

©中国建筑工业出版社

责任编辑：董苏华 张惠珍 孙立波
技术编辑：李建云 赵子宽
图片编辑：张振光
美术编辑：赵 清 康 羽
书籍设计：瀚清堂·赵 清 周伟伟 康 羽
责任校对：张慧丽 陈晶晶 关 健
图文统筹：廖晓明 孙 梅 骆毓华
责任印制：郭希增 臧红心
材料统筹：方承艺

中国精致建筑100

闽桥

郑振飞 撰文/陈明飞 摄影

中国建筑工业出版社出版、发行（北京西郊百万庄）

各地新华书店、建筑书店经销

南京瀚清堂设计有限公司制版

北京顺诚彩色印刷有限公司印刷

开本：889×710 毫米 1/32 印张：2 7/8 插页：1 字数：123 千字
2016年12月第一版 2016年12月第一次印刷
定价：**48.00**元
ISBN 978-7-112-16777-7
　　　（24399）